Al club *Early Bird's Garden*, con cada encuentro,
hacen que la vida se sienta renovada.
—KP

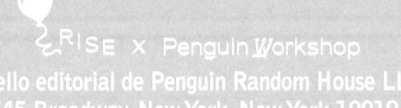

Un sello editorial de Penguin Random House LLC
1745 Broadway, New York, New York 10019

Publicado por primera vez en los Estados Unidos de América por Rise × Penguin Workshop,
un sello editorial de Penguin Random House LLC, 2022

Edición en español publicada por Rise × Penguin Workshop, un sello editorial de Penguin Random House LLC, 2025

Visítanos en línea: penguinrandomhouse.com.

Los datos de Catalogación en Publicación de la Biblioteca del Congreso están disponibles.

Manufacturado en China

ISBN 9780593889374   10 9 8 7 6 5 4 3 2 1 HH

El texto está compuesto en BeoSans OT.
El arte fue creado con serigrafías, y el collage fue hecho en Photoshop.

Edición de Gabrielle DeGennaro
Edición en español de Nicole Fox
Diseño de Maria Elias

CÓMO DECIRLE HOLA A UNA LOMBRIZ

PRIMERA GUÍA AL AIRE LIBRE

KARI PERCIVAL

traducción de Yanitzia Canetti

RISE
NEW YORK

¿Cómo siembras las semillas
de lechuga?

Esparce,
esparce,
esparce.

Aplasta,
aplasta,
aplasta.

¡Ahora crea
un poquito
de lluvia!

¿Cómo le dices hola a una lombriz?
Con cuidado, mucho cuidado.
¡Hola, lombriz!

FRESAS

¿Cómo siembras guisantes?

Mete el dedo en la tierra.
¡Un hoyo!

Deja caer un guisante.

¡Échale agua!

Acomoda cada guisante en
un hoyo y cúbrelo con tierra.
¡Dulces sueños, guisantes!

¿Cómo le dices hola a una mariquita?

Déjala caminar por tu dedo.

Cuenta sus manchas.

Antes de que salga volando, dile: *¡Hola, mariquita!*

¿Has visto alguna vez tanto verde?

¿Cuándo brotarán
los guisantes?

¡Chsss!
Todavía están durmiendo.

¡Buenos días, brotes de guisantes!

¿Cómo haces lodo?

Cava un caminito
para que corra el agua.

Crea un río.
¡Inúndalo!
Mezcla, mezcla, mezcla.

ZONA DE EXCAVACIÓN

¡Mmmm! ¡Lodo!

¡Mira! ¡Plantas de guisantes!
¿Ves cómo se enrollan en el dedo?
¡Quieren crecer!

Construyamos una armazón
para que sigan creciendo.

Encuentra algunos palos altos.
Clávalos en el suelo.
Amarra la parte superior
con cuerda.
¡Listo! ¡Una cabaña de juego!
Ahora puedes observar cómo
las enredaderas crecen hacia
arriba, arriba, ¡arriba!

¿Cómo le dices *hola* a una abeja?
Mírala pero no la toques. ¿Ves el polen en sus patitas? Escúchala pero no la agarres. ¿Oyes el zumbido de sus alas? Si una abeja te confunde con una flor, quédate muy quietecito y susúrrale: *Hola, abeja.*

¿Pero cuándo habrá guisantes?

¿Ves cómo da sombra la cabaña de juego?

¿Ves las flores?

¿Ves las abejas?

Pronto verás las vainas de guisantes.

¿Cómo recoges fresas?

¿Esta?
Aún no.
Demasiado verde.

¿Esta?
Aún no.
Demasiado
blanca.

¿Esta?
Aún no.
Demasiado
rosada.

¿Esta?
Aún no.
Demasiado
manchada.

¿Esta?
¡Sí! ¡Ahora!
¡Esa misma!

¡Qué rico!

¿Cómo se saca una zanahoria?

¿Una zanahoria? ¿Dónde?
¡No veo ninguna zanahoria!

¡Esta zanahoria!

¿Cómo recoges los guisantes?

¿Guisantes?
¡Sí!
¡Por fin! ¡Guisantes!

Encuentra una vaina.
Ábrela.
Mira adentro: ¡guisantes
en fila!
Saca uno con el dedo.
¡Ponlo en tu boca!
¡Qué rico!

¡Vaya!
¡Mira todo lo que hemos
cultivado!
¿Alguna vez has probado
algo tan dulce?

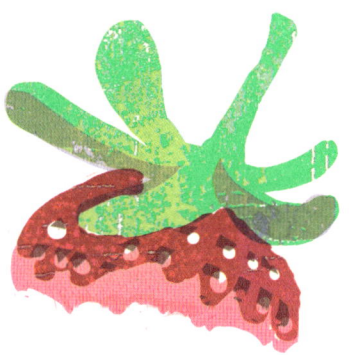

Para los niños

¿Quieres cultivar tus propias frutas y verduras?

Aquí tienes lo que necesitarás para cultivar un huerto:

- semillas
- un sitio soleado
- tierra en una maceta o parcela de cultivo
- agua
- un adulto que te ayude

¿Qué debes cultivar?

Intenta cultivar algunas de las frutas y verduras favoritas de tu familia, las que se mencionan en este libro o experimenta con alguna que nunca hayas probado antes.

¿Qué es fácil de cultivar y cuándo crecerá mejor?

- **En clima fresco (55 °F o más), con suéter y chamarra, prueba con fresas, guisantes, lechugas, espinacas, papas, col rizada y rábanos.**
- **En clima cálido de camiseta (70 °F o más) prueba zanahorias, frijoles, maíz, calabacines, calabazas, tomates, albahaca y calalú.**

Para los adultos

¿Por qué hacer un huerto con niños pequeños?

Cultivar alimentos fortalece a los más jóvenes. El cuidado de un huerto los conecta con todos los elementos: el sol, la lluvia, nuestra comida, nuestros cuerpos, las estaciones y la comunidad de seres vivos a la que pertenecemos. Enseña paciencia y gratitud, y los primeros recuerdos de cavar en la tierra ayudan a germinar un amor de por vida por el aprendizaje al aire libre.

¿Vale la pena embarrarse?

Prepara condiciones sencillas: usa zapatos que no te importe mojar, prepara un balde con agua y jabón para lavarse las manos en el mismo huerto, y ten a mano una toalla y una muda de ropa seca. Esto ayudará a mantener las cosas limpias para que puedan concentrarse en disfrutar juntos de los placeres simples de la vida sin estrés. Así que sí, definitivamente vale la pena.

¿Y si los niños quieren cavar y jugar entre las plantas?

Es divertido mantener una «zona de excavación» en el huerto donde los niños puedan jugar libremente en el suelo sin dañar las semillas o las plantas jóvenes. ¡El juego es una parte importante del trabajo en el huerto! Para separar la «zona de excavación» de las plantas del semillero, crea un borde visible con plantas como las cebollas o las violetas.

¿Es mi hijo lo suficientemente grande para trabajar en el huerto? ¿Cuán pequeño es demasiado pequeño?

Si tu hijo es lo suficientemente grande como para levantarse y ponerse de pie usando el borde del huerto, mira la tierra con interés y siente curiosidad por meter la mano en el suelo, entonces tiene la edad adecuada para el huerto. ¿Te preocupa que esa curiosidad haga que tu hijo quiera probar la tierra? ¡No temas! Sigue los consejos de seguridad en el huerto que se detallan a continuación y crea un ambiente seguro para que tu pequeño pueda explorar.

¡Seguridad en el huerto!

Mantén tu huerto seguro para los pequeños curiosos y toma medidas para reducir cualquier riesgo para la salud asociado con ingerir tierra:

- haz que analicen el plomo en la tierra antes de plantar
- protege tu huerto de los desechos de mascotas y animales
- revisa y retira cualquier vidrio roto o desechos peligrosos

Y que siempre haya un adulto presente para alentar y ayudar.